童话数学
儿童数学启蒙图画书

U0155650

蜗牛快递

· 空间位置 ·

国开童媒 编著　李妲文　李琳荟 图

国家开放大学出版社出版　　国开童媒（北京）文化传播有限公司出品

北　京

蜗牛小兜开了一家慢慢快递公司。

是的，你没听错，蜗牛也可以送快递。

哈哈，为什么不可以呢？

但就是，
生意有点儿不好。
（原因你们肯定知道。）

这天，小兜躺在叶子**上**，
思索着怎样能拉来生意。

"嘿！兜老板！
来生意了！"

屎壳郎球球推着粪球，
激动地大喊着。

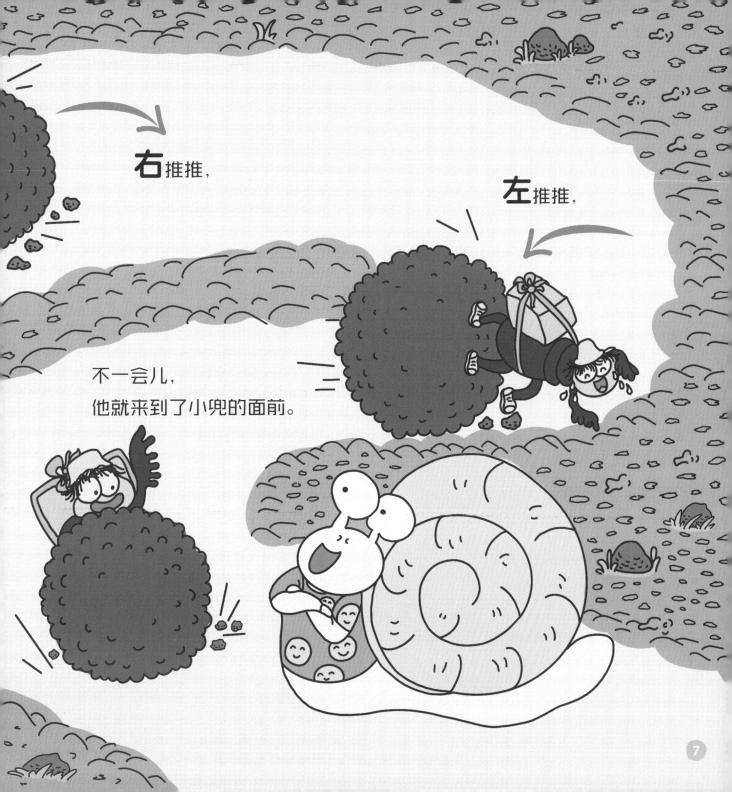

右推推，

左推推，

不一会儿，
他就来到了小兜的面前。

小兜把包裹放在背**上**。

一点儿也不重!

收件人是蚯蚓小姐，

她住在森林外的小河边最大的石头 **下**面。

这是小兜第一次
走出这片森林。

知了趴在树**上**。

"兜老板,
你真的太慢了!"

"我知道我很慢。"

小兜的脸红了，心想：
我要是有一双翅膀就好了。

嗨哟嗨哟！

太阳公公在微笑！

蚂蚁大队跑到小兜**前**面去了……

小兜努力爬，
加油加油，
把一只毛毛虫甩在了
后面……

15

滴答！

保持体力最重要！
夜晚，小兜爬上一片大叶子休息一下。

小兜睡着了，没有察觉到
一滴露水滴进了背后的包裹里。

呼哧呼哧！

蚂蚱大哥推着小兜**上**山坡，

帮助小兜**下**山坡。

"咦，这包裹怎么越来越沉呢？"

这一路上，
小兜还遇到了……

"小兜小兜，
要我带你一程吗？"

热心的鸽子

"兜老板，我
一路滚过去就
帮你送到了。"

爱变身的
西瓜虫

"兜老板，你是我见过
最能坚持的人，哦不
对，虫子，也不对……"

唠叨的蟋蟀

看到了……

蜜蜂采蜜，真甜！

蝴蝶翩翩起舞，
太好看了！

没有翅膀，我才能遇到这美好的一切啊！

但是，包裹真的越来越重了！

小贴士：小朋友，你能说出这些小动物分别在小兜的什么位置吗？

……不知过了多久，小兜遇到了一个岔路口。
该往哪边走呢？

左

右

左边是潺潺的流水声，右边是叽叽喳喳的鸟叫声。
小兜往左边走。

是一条小河。

小兜在河边找到了那块最大的石头。

石头的 **前后左右**，都没有蚯蚓小姐的身影。

"蚯蚓小姐，你的快递到了。"

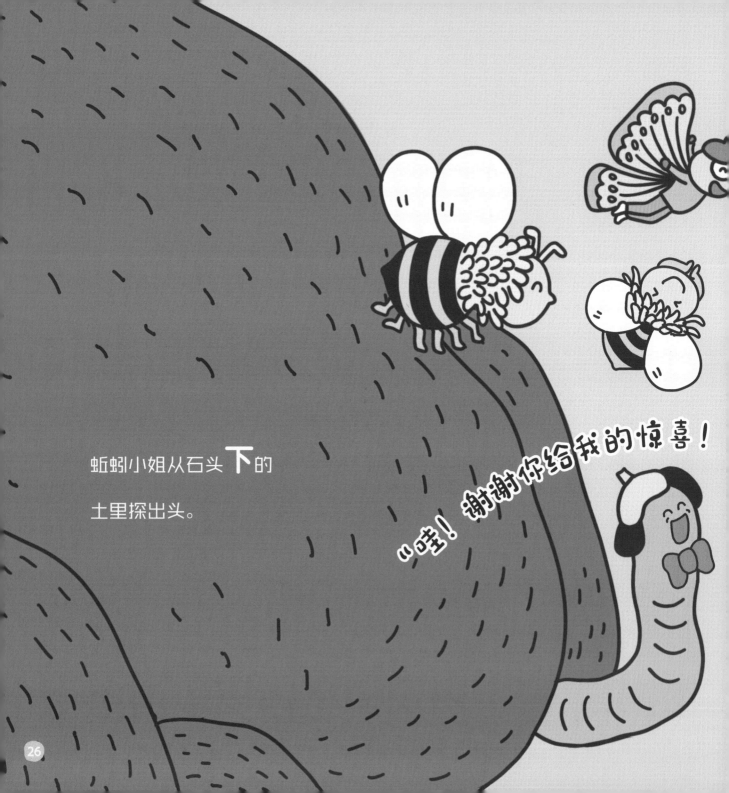

蚯蚓小姐从石头 **下** 的

土里探出头。

"哇！谢谢你给我的惊喜！

小兜疑惑地回头看，
才发现包裹里竟然开出了花！

·知识导读·

　　小蜗牛通过坚持不懈的努力终于把快递送到了，这一路也得到了大家的帮助。还记得绘本《从前有座山》中小沙弥的故事吗？在那里，孩子学到了"大与小"这一相对概念。在这本《蜗牛快递》绘本中，孩子可以知道物体的位置也是具有相对性的，"上与下""左和右""前与后"，这些概念都不是能独立存在的。小蜗牛趴在叶子上，是以叶子为参考标准，是站在叶子的角度观察的；如果站在小蜗牛的角度观察，叶子就在小蜗牛的下面。

　　所以，当参考标准不同时，物体的位置也可能不同。在生活中，当我们要让孩子用语言描述物体的位置时，就一定要先把前提条件说清楚——谁和谁比，再说结论，从而培养思维的缜密性。

北京润丰学校小学低年级数学组长、一级教师　蒋慕香

思维导图

　　小兜开了一家慢慢快递公司，可生意有点儿差。这天，屎壳郎球球给小兜带来了一单生意，小兜能顺利完成吗？他在路上遇到了哪些动物呢？请看着思维导图，把这个故事讲给你的爸爸妈妈听吧！

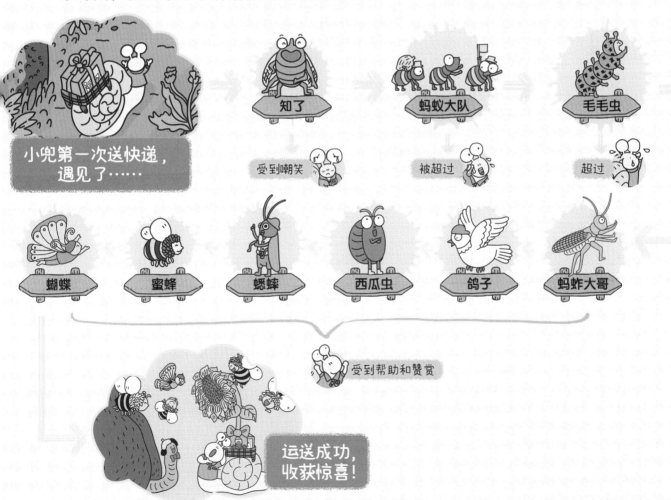

小兜第一次送快递，遇见了……

知了
受到嘲笑

蚂蚁大队
被超过

毛毛虫
超过

蝴蝶　蜜蜂　蟋蟀　西瓜虫　鸽子　蚂蚱大哥

受到帮助和赞赏

运送成功，收获惊喜！

数学真好玩

·格子迷宫·

格子迷宫里的小动物们想找到让自己心仪的礼物，但是它们该怎么走呢？右边的格子迷宫已经为它们设计好了路线，请你按照这些路线把下面的空格补充完整吧！

参考：🐌➡ 要找到 📨：向__上__（上/下/左/右）__2__（填数字）格，再向__右__（上/下/左/右）__2__（填数字）格。

1. 🕷 要找到 🎁：向_____（上/下/左/右）_____（填数字）格，再向_____（上/下/左/右）_____（填数字）格。

2. 🦗 要找到 🎶 ：向_____（上/下/左/右）_____（填数字）格，再向_____（上/下/左/右）_____（填数字）格。

3. 🐢 要找到 ⬤：向_____（上/下/左/右）_____（填数字）格，再向_____（上/下/左/右）_____（填数字）格。

·小木头人·

游戏步骤:

1. 几个年龄相近的小朋友当小木头人,由爸爸妈妈或者一个小朋友当指挥者。小木头人站在离指挥者2~3米远的位置,指挥者背对着小木头人。

2. 当指挥者喊口令"×××(可参考游戏末尾的口令),停!"时,指挥者转身正对着小木头人,小木头人就不能动了。

3. 口令中会有向前走、向后走等动态动作,也会有举左手、举右手等静态动作,做错动作的小朋友被淘汰,可以到一旁监督剩下的小木头人。

4. 谁最后拍到指挥者,谁就是这场游戏的大赢家。

口令:

① 向前走×××(1~5里任选一个数字)步。

② 向后退×××(1~5里任选一个数字)步。

③ 向上举起你的双手。

④ 举起你的右手/左手。

⑤ 下蹲。

⑥ 头转向你右边/左边的小朋友。

(小朋友,你还能想出哪些口令呢?)

知识点结业证书

亲爱的＿＿＿＿＿＿＿小朋友，

恭喜你顺利完成了知识点"**空间位置**"的学习，你真的太棒啦！你瞧，数学并不难，还很有意思，对不对？

下面是属于你的徽章，请你为它涂上自己喜欢的颜色，之后再开启下一册的阅读吧！